全文强制性标准图解丛书

图解《施工脚手架通用规范》
GB 55023—2022

臧耀帅　杨秀香　编著

中国建筑工业出版社

图书在版编目（CIP）数据

图解《施工脚手架通用规范》：GB 55023—2022 / 臧耀帅，杨秀香编著. -- 北京：中国建筑工业出版社，2024.9. --（全文强制性标准图解丛书）. -- ISBN 978-7-112-30323-6

Ⅰ.TU731.2-65

中国国家版本馆CIP数据核字第20249KM262号

本书分为6章，内容包括：总则，基本规定，材料与构配件，设计，搭设、使用与拆除，以及检查与验收等。本书以《施工脚手架通用规范》GB 55023—2022为基础进行精心编纂，并通过大量三维图示、三维动画和三维模型的演示来加强理论与实践的结合，旨在为读者学习、应用该规范提供参考。本书不仅适用于设计人员、施工技术人员和一线操作工人等专业人士，也可作为相关专业大、中专院校师生的学习参考资料。

责任编辑：张　磊　万　李
责任校对：赵　力

全文强制性标准图解丛书
图解《施工脚手架通用规范》GB 55023—2022

臧耀帅　杨秀香　编著

*

中国建筑工业出版社出版、发行（北京海淀三里河路9号）
各地新华书店、建筑书店经销
北京光大印艺文化发展有限公司制版
天津裕同印刷有限公司印刷

*

开本：880毫米×1230毫米　1/32　印张：2　字数：57千字
2024年11月第一版　　2024年11月第一次印刷
定价：**38.00元**
ISBN 978-7-112-30323-6
（43699）

版权所有　翻印必究
如有内容及印装质量问题，请与本社读者服务中心联系
电话：（010）58337283　　QQ：2885381756
（地址：北京海淀三里河路9号中国建筑工业出版社604室　邮政编码：100037）

前　言

为适应国际技术法规与技术标准通行规则，2016年以来，住房和城乡建设部陆续印发《深化工程建设标准化工作改革的意见》等文件，提出政府制定强制性标准、社会团体制定自愿采用性标准的长远目标，明确了逐步用全文强制性工程建设规范取代现行标准中分散的强制性条文的改革任务，《施工脚手架通用规范》GB 55023—2022（以下简称"规范"）因此应运而生。

本书采用大量形象的三维图示、生动的三维动画和逼真的三维模型等形式，深入浅出地对规范的每一款条文进行了详细解读。以下是本书的一些特色：

（1）三维图示解析：本书通过大量形象的三维图示来展示脚手架的各个构造细节和技术要求，使得读者能够直观地了解规范的具体内容。

（2）三维动画演示：通过动态的三维动画形式，展示了脚手架的各种构造和搭设的场景，使读者能够身临其境地去观察脚手架设计、搭设、使用、拆除和检查验收等各个环节，从而能够更清晰、准确地理解和掌握规范的要求。

（3）三维模型辅助：使用逼真的三维模型来还原规范中的关键点，帮助读者理解复杂的设计原理、技术要求和现场构造，同时，也可补足本书图示和动画部分未能展示到的一些细节内容。可扫描下方二维码下载三维模型。

本书在编写过程中，得到许多资深建筑设计师和一线工作人员的帮助和指导，也参阅和借鉴了许多文献资料，但由于编者的经验和学识有限，书中内容难免存在遗漏和不足之处，敬请广大读者批评和指正，便于进一步修改完善。

扫一扫，下载
三维模型

目 录

第 1 章　总则

第 2 章　基本规定

第 3 章　材料与构配件

第 4 章　设计
  4.1　一般规定 ················· 9
  4.2　荷载 ····················· 12
  4.3　结构设计 ················· 19
  4.4　构造要求 ················· 23

第 5 章　搭设、使用与拆除
  5.1　个人防护 ················· 38
  5.2　搭设 ····················· 40
  5.3　使用 ····················· 44
  5.4　拆除 ····················· 52

第 6 章　检查与验收

第1章 总则

1.0.1 为保障施工脚手架安全、适用，制定本规范。

1.0.2 施工脚手架的材料与构配件选用、设计、搭设、使用、拆除、检查与验收必须执行本规范。

1.0.3 脚手架应稳固可靠，保证工程建设的顺利实施与安全，并应遵循下列原则：

    1 符合国家资源节约利用、环保、防灾减灾、应急管理等政策；

    2 保障人身、财产和公共安全；

    3 鼓励脚手架的技术创新和管理创新。

1.0.4 工程建设所采用的技术方法和措施是否符合本规范要求，由相关责任主体判定。其中，创新性的技术方法和措施，应进行论证并符合本规范中有关性能的要求。

1.0.1 ~ 1.0.4 三维动画

1.0.1 ~ 1.0.4 图示

第2章 基本规定

2.0.1 脚手架性能应符合下列规定:
    1 应满足承载力设计要求;
    2 不应发生影响正常使用的变形;
    3 应满足使用要求,并应具有安全防护功能;
    4 附着或支承在工程结构上的脚手架,不应使所附着的工程结构或支承脚手架的工程结构受到损害。

2.0.1
三维动画

2.0.1 图示

2.0.2 脚手架应根据使用功能和环境进行设计。

2.0.3 脚手架搭设和拆除作业以前,应根据工程特点编制脚手架专项施工方案,并应经审批后实施。脚手架专项施工方案应包括下列主要内容:
    1 工程概况和编制依据;
    2 脚手架类型选择;
    3 所用材料、构配件类型及规格;
    4 结构与构造设计施工图;

2.0.2
三维动画

2.0.2 图示

5 结构设计计算书；
6 搭设、拆除施工计划；
7 搭设、拆除技术要求；
8 质量控制措施；
9 安全控制措施；
10 应急预案。

2.0.3
三维动画

2.0.3 图示

2.0.4 脚手架搭设和拆除作业前，应将脚手架专项施工方案向施工现场管理人员及作业人员进行安全技术交底。

2.0.4 图示1

2.0.4
三维动画

2.0.4 图示2

2.0.5 脚手架使用过程中，不应改变其结构体系。

2.0.5
三维动画

2.0.5 图示

2.0.6 当脚手架专项施工方案需要修改时，修改后的方案应经审批后实施。

2.0.6 图示

2.0.6
三维动画

第3章 材料与构配件

3.0.1 脚手架材料与构配件的性能指标应满足脚手架使用的需要，质量应符合国家现行相关标准的规定。

3.0.1
三维动画

3.0.1 图示

3.0.2 脚手架材料与构配件应有产品质量合格证明文件。

3.0.2
三维动画

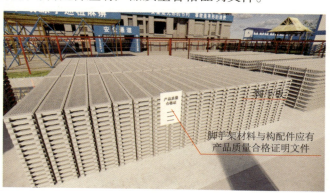
3.0.2 图示

3.0.3 脚手架所用杆件和构配件应配套使用，并应满足组架方式及构造要求。

第 3 章 材料与构配件　　7

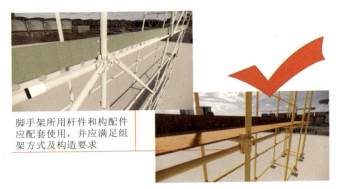

3.0.3　图示 1

3.0.3
三维动画

3.0.3　图示 2

3.0.4　脚手架材料与构配件在使用周期内，应及时检查、分类、维护、保养，对不合格品应及时报废，并应形成文件记录。

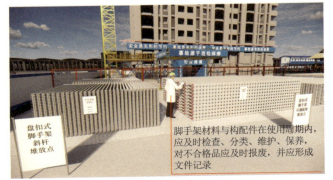

3.0.4
三维动画

3.0.4　图示

3.0.5 对于无法通过结构分析、外观检查和测量检查确定性能的材料与构配件，应通过试验确定其受力性能。

3.0.5
三维动画

3.0.5　图示

第4章 设计

4.1 一般规定

4.1.1 脚手架设计应采用以概率理论为基础的极限状态设计方法,并应以分项系数设计表达式进行计算。

4.1.1 图示

注：图中公式为采用承载能力极限状态设计时的脚手架结构或构配件的分项系数设计表达式示例。

式中：γ_0——结构重要性系数；

N_{ad}——脚手架结构或构配件的荷载设计值(kN)；

R_d——脚手架结构或构配件的抗力设计值(kN)。

4.1.1
三维动画

4.1.2 脚手架结构应按承载能力极限状态和正常使用极限状态进行设计。

脚手架结构应按承载能力极限状态
和正常使用极限状态进行设计

4.1.2 图示1

超过承载力极限，脚手架倾覆

4.1.2 图示2

4.1.2
三维动画

超过正常使用极限，
脚手板变形

4.1.2 图示3

4.1.3 脚手架地基应符合下列规定：
   1 应平整坚实，应满足承载力和变形要求；
   2 应设置排水措施，搭设场地不应积水；
   3 冬期施工应采取防冻胀措施。

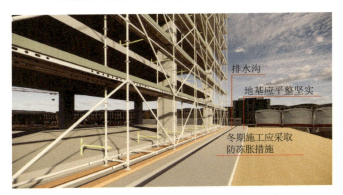

4.1.3 三维动画

4.1.3 图示

4.1.4 应对支撑脚手架的工程结构和脚手架所附着的工程结构进行强度和变形验算，当验算不能满足安全承载要求时，应根据验算结果采取相应的加固措施。

4.1.4 图示 1

4.1.4
三维动画

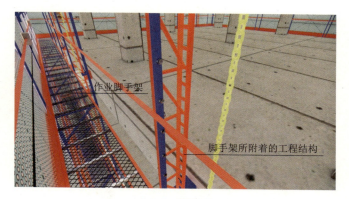

作业脚手架

脚手架所附着的工程结构

4.1.4　图示 2

4.2　荷载

4.2.1　脚手架承受的荷载应包括永久荷载和可变荷载。

4.2.1
三维动画

可变荷载

永久荷载

4.2.1　图示

4.2.2　脚手架的永久荷载应包括下列内容：
  1　脚手架结构件自重；
  2　脚手板、安全网、栏杆等附件的自重；
  3　支撑脚手架所支撑的物体自重；
  4　其他永久荷载。

4.2.3　脚手架的可变荷载应包括下列内容：
  1　施工荷载；
  2　风荷载；
  3　其他可变荷载。

第 4 章 设计 13

4.2.2 图示 1

4.2.2 图示 2

4.2.2 三维动画

4.2.3 图示

4.2.3 三维动画

4.2.4 脚手架可变荷载标准值的取值应符合下列规定：

1 应根据实际情况确定作业脚手架上的施工荷载标准值，且不应低于表 4.2.4-1 的规定；

表 4.2.4-1 作业脚手架施工荷载标准值

序号	作业脚手架用途	施工荷载标准值（kN/m²）
1	砌筑工程作业	3.0
2	其他主体结构工程作业	2.0
3	装饰装修作业	2.0
4	防护	1.0

2 当作业脚手架上存在 2 个及以上作业层同时作业时，在同一跨距内各操作层的施工荷载标准值总和取值不应小于 5.0kN/m²；

3 应根据实际情况确定支撑脚手架上的施工荷载标准值，且不应低于表 4.2.4-2 的规定；

表 4.2.4-2 支撑脚手架施工荷载标准值

类别		施工荷载标准值（kN/m²）
混凝土结构模板支撑脚手架	一般	2.5
	有水平泵管设置	4.0
钢结构安装支撑脚手架	轻钢结构、轻钢空间网架结构	2.0
	普通钢结构	3.0
	重型钢结构	3.5

4 支撑脚手架上移动的设备、工具等物品应按其自重计算可变荷载标准值。

第4章 设计 15

4.2.4 图示1

4.2.4 图示2

4.2.4 图示3

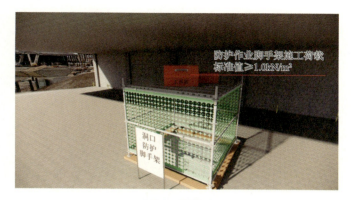

4.2.4 图示 4

4.2.4 图示 5

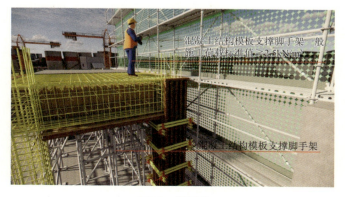

4.2.4 图示 6

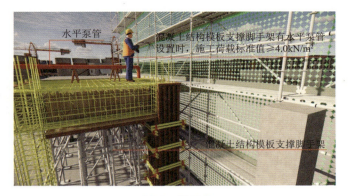

4.2.4 图示 7

4.2.4 图示 8

4.2.4 图示 9

4.2.4
三维动画

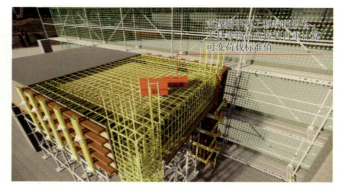

4.2.4　图示 10

4.2.5　在计算水平风荷载标准值时，高耸塔式结构、悬臂结构等特殊脚手架结构应计入风荷载的脉动增大效应。

4.2.5
三维动画

4.2.5　图示

4.2.6　对于脚手架上的动力荷载，应将振动、冲击物体的自重乘以动力系数 1.35 后计入可变荷载标准值。

4.2.7　脚手架设计时，荷载应按承载能力极限状态和正常使用极限状态计算的需要分别进行组合，并应根据正常搭设、使用或拆除过程中在脚手架上可能同时出现的荷载，取最不利的荷载组合。

4.2.6 图示　　4.2.6 三维动画

4.2.7 图示　　4.2.7 三维动画

4.3　结构设计

4.3.1　脚手架设计计算应根据工程实际施工工况进行，结果应满足对脚手架强度、刚度、稳定性的要求。

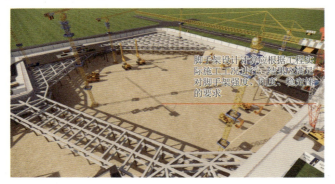

4.3.1 图示　　4.3.1 三维动画

4.3.2 脚手架结构设计计算应依据施工工况选择具有代表性的最不利杆件及构配件，以其最不利截面和最不利工况作为计算条件，计算单元的选取应符合下列规定：

　　1 应选取受力最大的杆件、构配件；

　　2 应选取跨距、间距变化和几何形状、承力特性改变部位的杆件、构配件；

　　3 应选取架体构造变化处或薄弱处的杆件、构配件；

　　4 当脚手架上有集中荷载作用时，尚应选取集中荷载作用范围内受力最大的杆件、构配件。

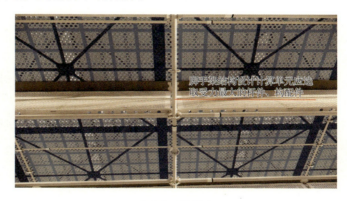

4.3.2　图示 1

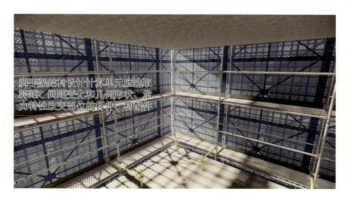

4.3.2　图示 2

第 4 章 设计　21

4.3.2　图示 3

4.3.2
三维动画

4.3.2　图示 4

4.3.3　脚手架杆件和构配件强度应按净截面计算；杆件和构配件稳定性、变形应按毛截面计算。

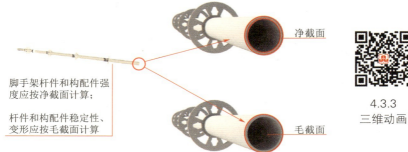

4.3.3
三维动画

4.3.3　图示

4.3.4 当脚手架按承载能力极限状态设计时，应采用荷载基本组合和材料强度设计值计算。当脚手架按正常使用极限状态设计时，应采用荷载标准组合和变形限值进行计算。

4.3.4
三维动画

4.3.4 图示

4.3.5 脚手架受弯构件容许挠度应符合表 4.3.5 的规定。

表 4.3.5 脚手架受弯构件容许挠度

构件类别	容许挠度 (mm)
脚手板、水平杆件	$l/150$ 与 10 取较小值
作业脚手架悬挑受弯杆件	$l/400$
模板支撑脚手架受弯杆件	$l/400$

注：l 为受弯构件的计算跨度，对悬挑构件为悬伸长度的 2 倍。

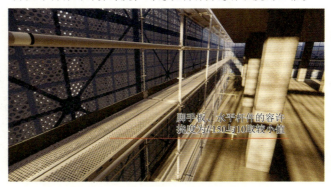

4.3.5 图示 1
注：l 为受弯构件的计算跨度，对悬挑构件为悬伸长度的 2 倍。

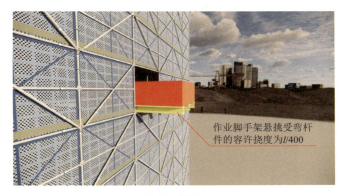

4.3.5 图示 2

注：l 为受弯构件的计算跨度，对悬挑构件为悬伸长度的 2 倍。

4.3.5 图示 3

4.3.5
三维动画

注：l 为受弯构件的计算跨度，对悬挑构件为悬伸长度的 2 倍。

4.3.6 模板支撑脚手架应根据施工工况对连续支撑进行设计计算，并应按最不利的工况计算确定支撑层数。

4.4 构造要求

4.4.1 脚手架构造措施应合理、齐全、完整，并应保证架体传力清晰、受力均匀。

4.3.6 三维动画

4.3.6 图示

4.4.1 三维动画

4.4.1 图示

4.4.2 脚手架杆件连接节点应具备足够强度和转动刚度，架体在使用期内节点应无松动。

4.4.2 三维动画

4.4.2 图示

4.4.3 脚手架立杆间距、步距应通过设计确定。

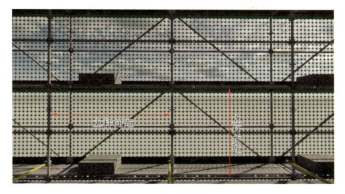

4.4.3
三维动画

4.4.3　图示

4.4.4 脚手架作业层应采取安全防护措施，并应符合下列规定：

1 作业脚手架、满堂支撑脚手架、附着式升降脚手架作业层应满铺脚手板，并应满足稳固可靠的要求。当作业层边缘与结构外表面的距离大于150mm时，应采取防护措施。

2 采用挂钩连接的钢脚手板，应带有自锁装置且与作业层水平杆锁紧。

3 木脚手板、竹串片脚手板、竹芭脚手板应有可靠的水平杆支承，并应绑扎稳固。

4 脚手架作业层外边缘应设置防护栏杆和挡脚板。

5 作业脚手架底层脚手板应采取封闭措施。

6 沿所施工建筑物每3层或高度不大于10m处应设置一层水平防护。

7 作业层外侧应采用安全网封闭。当采用密目安全网封闭时，密目安全网应满足阻燃要求。

8 脚手板伸出横向水平杆以外的部分不应大于200mm。

26　图解《施工脚手架通用规范》　GB 55023—2022

4.4.4　图示 1

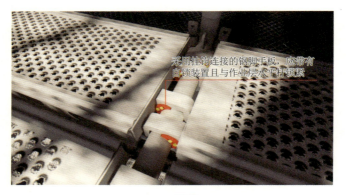

4.4.4　图示 2

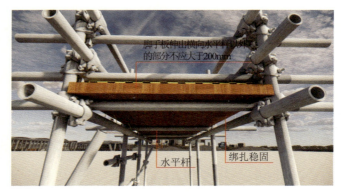

4.4.4　图示 3

第 4 章　设计　27

4.4.4　图示 4

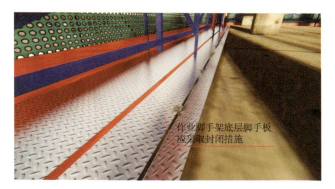

4.4.4　图示 5

4.4.4　图示 6

4.4.4
三维动画

4.4.5 脚手架底部立杆应设置纵向和横向扫地杆，扫地杆应与相邻立杆连接稳固。

4.4.5 三维动画

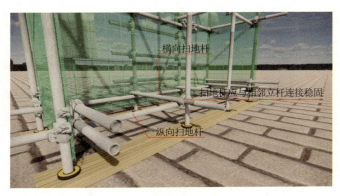
4.4.5 图示

4.4.6 作业脚手架应按设计计算和构造要求设置连墙件，并应符合下列要求：

    1 连墙件应采用能承受压力和拉力的刚性构件，并应与工程结构和架体连接牢固；

    2 连墙点的水平间距不得超过3跨，竖向间距不得超过3步，连墙点之上架体的悬臂高度不应超过2步；

    3 在架体的转角处、开口型作业脚手架端部应增设连墙件，连墙件竖向间距不应大于建筑物层高，且不应大于4m。

4.4.6 图示1

4.4.6 图示 2

4.4.6 图示 3

4.4.6 三维动画

4.4.7 作业脚手架的纵向外侧立面上应设置竖向剪刀撑,并应符合下列规定:

1 每道剪刀撑的宽度应为 4 跨～6 跨,且不应小于 6m,也不应大于 9m;剪刀撑斜杆与水平面的倾角应在 45°～60°之间;

2 当搭设高度在 24m 以下时,应在架体两端、转角及中间每隔不超过 15m 各设置一道剪刀撑,并应由底至顶连续设置;当搭设高度在 24m 及以上时,应在全外侧立面上由底至顶连续设置;

3 悬挑脚手架、附着式升降脚手架应在全外侧立面上由底至顶连续设置。

4.4.7 三维动画

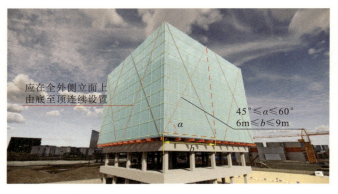

4.4.7 图示

注：b—剪刀撑宽度；$α$—剪刀撑斜杆与水平面的倾角。

4.4.8 悬挑脚手架立杆底部应与悬挑支承结构可靠连接；应在立杆底部设置纵向扫地杆，并应间断设置水平剪刀撑或水平斜撑杆。

4.4.8 三维动画

4.4.8 图示

4.4.9 附着式升降脚手架应符合下列规定：

1 竖向主框架、水平支承桁架应采用桁架或刚架结构，杆件应采用焊接或螺栓连接；

2 应设有防倾、防坠、停层、荷载、同步升降控制装置，各类装置应灵敏可靠；

3 在竖向主框架所覆盖的每个楼层均应设置一道附墙支座；每道附墙支座应能承担竖向主框架的全部荷载；

4 当采用电动升降设备时,电动升降设备连续升降距离应大于一个楼层高度,并应有制动和定位功能。

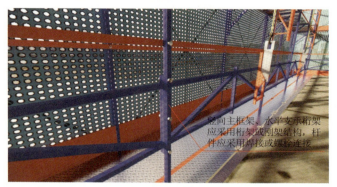

4.4.9 图示 1

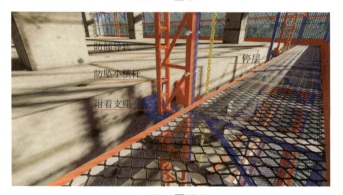

4.4.9 图示 2

4.4.9 图示 3

32 图解《施工脚手架通用规范》 GB 55023—2022

同步升降控制装置

4.4.9 图示 4

防坠支撑

在竖向主框架所覆盖的每个楼层均应设置一道附墙支座；每道附墙支座应能承担竖向主框架的全部荷载

4.4.9 图示 5

4.4.9
三维动画

当采用电动升降设备时，电动升降设备连续升降距离应大于一个楼层高度，并应有制动和定位功能

4.4.9 图示 6

4.4.10 应对下列部位的作业脚手架采取可靠的构造加强措施：
    1 附着、支承于工程结构的连接处；
    2 平面布置的转角处；
    3 塔式起重机、施工升降机、物料平台等设施断开或开洞处；
    4 楼面高度大于连墙件设置竖向高度的部位；
    5 工程结构突出物影响架体正常布置处。

4.4.10 图示 1

4.4.10 图示 2

34 图解《施工脚手架通用规范》 GB 55023—2022

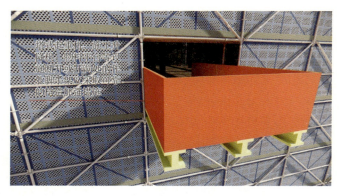

塔式起重机、施工升降机、物料提升机等设施穿越或附着处的作业脚手架应采取可靠的构造加强措施

4.4.10 图示 3

楼面高度大于连接件设置竖向高度的部位的作业脚手架应采取可靠的构造加强措施

4.4.10 图示 4

4.4.10 三维动画

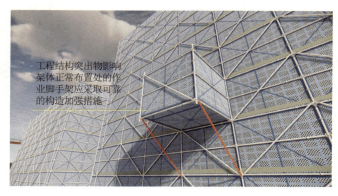

工程结构突出物影响架体正常布置处的作业脚手架应采取可靠的构造加强措施

4.4.10 图示 5

4.4.11 临街作业脚手架的外侧立面、转角处应采取有效硬防护措施。

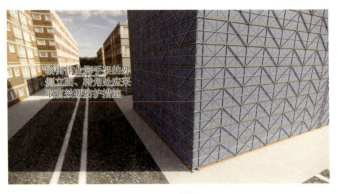

4.4.11
三维动画

4.4.11 图示

4.4.12 支撑脚手架独立架体高宽比不应大于 3.0。

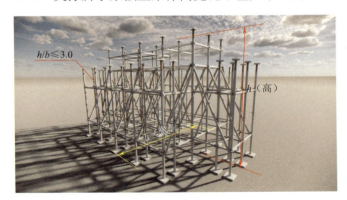

4.4.12
三维动画

4.4.12 图示

4.4.13 支撑脚手架应设置竖向和水平剪刀撑,并应符合下列规定:
  1 剪刀撑的设置应均匀、对称;
  2 每道竖向剪刀撑的宽度应为 6m ~ 9m,剪刀撑斜杆的倾角应在 45°~ 60° 之间。

4.4.13
三维动画

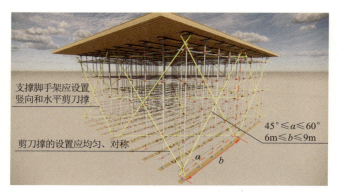

4.4.13 图示

4.4.14 支撑脚手架的水平杆应按步距沿纵向和横向通长连续设置，且应与相邻立杆连接稳固。

4.4.14
三维动画

4.4.14 图示

4.4.15 脚手架可调底座和可调托撑调节螺杆插入脚手架立杆内的长度不应小于150mm，且调节螺杆伸出长度应经计算确定，并应符合下列规定：

1 当插入的立杆钢管直径为42mm时，伸出长度不应大于200mm；

2 当插入的立杆钢管直径为48.3mm及以上时，伸出长度不应大于500mm。

第 4 章 设计 37

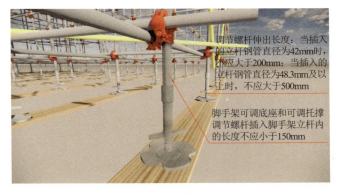

4.4.15
三维动画

4.4.15　图示

4.4.16　可调底座和可调托撑螺杆插入脚手架立杆钢管内的间隙不应大于 2.5mm。

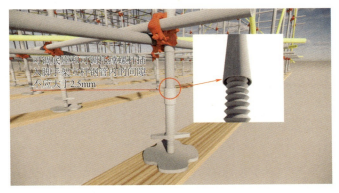

4.4.16
三维动画

4.4.16　图示

第5章 搭设、使用与拆除

5.1 个人防护

5.1.1 搭设和拆除脚手架作业应有相应的安全措施,操作人员应佩戴个人防护用品,应穿防滑鞋。

5.1.1
三维动画

5.1.1 图示

5.1.2 在搭设和拆除脚手架作业时,应设置安全警戒线、警戒标志,并应由专人监护,严禁非作业人员入内。

5.1.2
三维动画

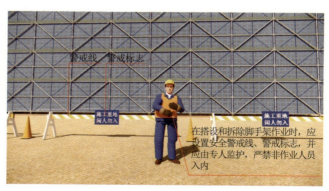

5.1.2 图示

5.1.3 当在脚手架上架设临时施工用电线路时，应有绝缘措施，操作人员应穿绝缘防滑鞋；脚手架与架空输电线路之间应设有安全距离，并应设置接地、防雷设施。

5.1.3 图示 1

5.1.3 图示 2

5.1.4 当在狭小空间或空气不流通空间进行搭设、使用和拆除脚手架作业时，应采取保证足够的氧气供应措施，并应防止有毒有害、易燃易爆物质积聚。

5.1.3
三维动画

5.1.3 图示3

5.1.4
三维动画

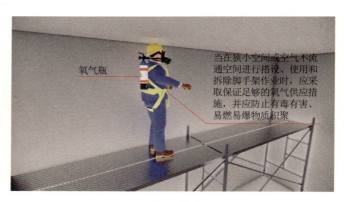

5.1.4 图示

5.2 搭设

5.2.1 脚手架应按顺序搭设，并应符合下列规定：

    1 落地作业脚手架、悬挑脚手架的搭设应与主体结构工程施工同步，一次搭设高度不应超过最上层连墙件2步，且自由高度不应大于4m；

    2 剪刀撑、斜撑杆等加固杆件应随架体同步搭设；

    3 构件组装类脚手架的搭设应自一端向另一端延伸，应自下而上按步逐层搭设；并应逐层改变搭设方向；

    4 每搭设完一步距架体后，应及时校正立杆间距、步距、垂直度及水平杆的水平度。

落地作业脚手架、悬挑脚手架的搭设应与主体结构工程施工同步，一次搭设高度不应超过最上层连墙件2步，且自由高度不应大于4m

5.2.1 图示 1

剪刀撑、斜撑杆等加固杆件应随架体同步搭设

5.2.1 图示 2

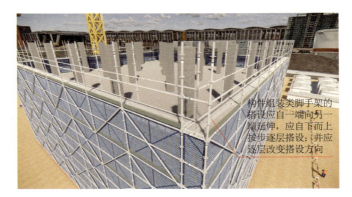

构件组装类脚手架的搭设应自一端向另一端延伸，应自下而上按步逐层搭设；并应逐层改变搭设方向

5.2.1 图示 3

5.2.1
三维动画

5.2.1　图示 4

5.2.2 作业脚手架连墙件安装应符合下列规定：

　　1 连墙件的安装应随作业脚手架搭设同步进行；

　　2 当作业脚手架操作层高出相邻连墙件 2 个步距及以上时，在上层连墙件安装完毕前，应采取临时拉结措施。

5.2.2
三维动画

5.2.2　图示

5.2.3 悬挑脚手架、附着式升降脚手架在搭设时，悬挑支承结构、附着支座的锚固应稳固可靠。

5.2.4 脚手架安全防护网和防护栏杆等防护设施应随架体搭设同步安装到位。

第 5 章　搭设、使用与拆除　43

5.2.3　图示 1

5.2.3　图示 2

5.2.3
三维动画

5.2.4　图示

5.2.4
三维动画

5.3 使用

5.3.1 脚手架作业层上的荷载不得超过荷载设计值。

5.3.1 三维动画

5.3.1 图示

5.3.2 雷雨天气、6级及以上大风天气应停止架上作业；雨、雪、雾天气应停止脚手架的搭设和拆除作业，雨、雪、霜后上架作业应采取有效的防滑措施，雪天应清除积雪。

5.3.2 图示1

5.3.3 严禁将支撑脚手架、缆风绳、混凝土输送泵管、卸料平台及大型设备的支承件等固定在作业脚手架上。严禁在作业脚手架上悬挂起重设备。

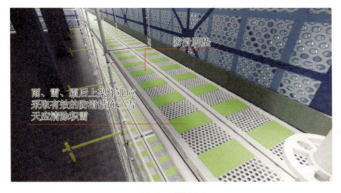

5.3.2 三维动画

5.3.2 图示 2

5.3.3 三维动画

5.3.3 图示

5.3.4 脚手架在使用过程中，应定期进行检查并形成记录，脚手架工作状态应符合下列规定：

1 主要受力杆件、剪刀撑等加固杆件和连墙件应无缺失、无松动，架体应无明显变形；

2 场地应无积水，立杆底端应无松动、无悬空；

3 安全防护设施应齐全、有效，应无损坏缺失；

4 附着式升降脚手架支座应稳固，防倾、防坠、停层、荷载、同步升降控制装置应处于良好工作状态，架体升降应正常平稳；

5 悬挑脚手架的悬挑支承结构应稳固。

46　图解《施工脚手架通用规范》　GB 55023—2022

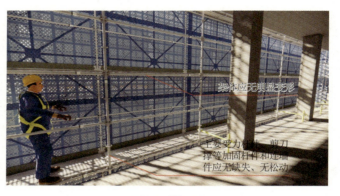

5.3.4　图示 1

5.3.4　图示 2

5.3.4　图示 3

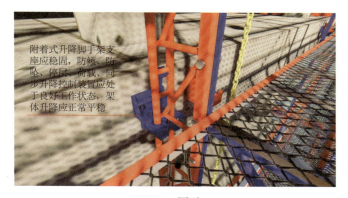

5.3.4 图示 4

5.3.4 图示 5

5.3.4 三维动画

5.3.5 当遇到下列情况之一时,应对脚手架进行检查并应形成记录,确认安全后方可继续使用:

1 承受偶然荷载后;
2 遇有 6 级及以上强风后;
3 大雨及以上降水后;
4 冻结的地基土解冻后;
5 停用超过 1 个月;
6 架体部分拆除;
7 其他特殊情况。

5.3.5
三维动画

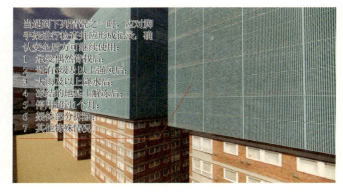

5.3.5 图示

5.3.6 脚手架在使用过程中出现安全隐患时,应及时排除;当出现下列状态之一时,应立即撤离作业人员,并应及时组织检查处置:

　　1 杆件、连接件因超过材料强度破坏,或因连接节点产生滑移,或因过度变形而不适于继续承载;

　　2 脚手架部分结构失去平衡;

　　3 脚手架结构杆件发生失稳;

　　4 脚手架发生整体倾斜;

　　5 地基部分失去继续承载的能力。

5.3.6 图示1

第 5 章 搭设、使用与拆除 49

5.3.6 图示 2

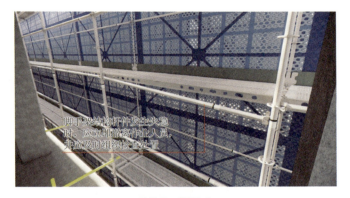

5.3.6 图示 3

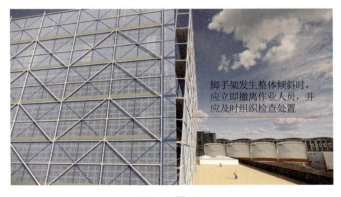

5.3.6 图示 4

5.3.6
三维动画

5.3.6 图示5

5.3.7 支撑脚手架在浇筑混凝土、工程结构件安装等施加荷载的过程中，架体下严禁有人。

5.3.7
三维动画

5.3.7 图示

5.3.8 在脚手架内进行电焊、气焊和其他动火作业时，应在动火申请批准后进行作业，并应采取设置接火斗、配置灭火器、移开易燃物等防火措施，同时应设专人监护。

5.3.9 脚手架使用期间，严禁在脚手架立杆基础下方及附近实施挖掘作业。

5.3.10 附着式升降脚手架在使用过程中不得拆除防倾、防坠、停层、荷载、同步升降控制装置。

第 5 章 搭设、使用与拆除 51

5.3.8
三维动画

5.3.8 图示

5.3.9
三维动画

5.3.9 图示

5.3.10
三维动画

5.3.10 图示

5.3.11 当附着式升降脚手架在升降作业时或外挂防护架在提升作业时，架体上严禁有人，架体下方不得进行交叉作业。

5.3.11
三维动画

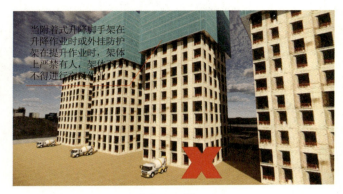

5.3.11 图示

5.4 拆除

5.4.1 脚手架拆除前，应清除作业层上的堆放物。

5.4.1
三维动画

5.4.1 图示

5.4.2 脚手架的拆除作业应符合下列规定：

 1 架体拆除应按自上而下的顺序按步逐层进行，不应上下同时作业。

 2 同层杆件和构配件应按先外后内的顺序拆除；剪刀撑、斜撑杆等加固杆件应在拆卸至该部位杆件时拆除。

 3 作业脚手架连墙件应随架体逐层、同步拆除，不应先将连墙件整层或数层拆除后再拆架体。

4 作业脚手架拆除作业过程中,当架体悬臂段高度超过 2 步时,应加设临时拉结。

5.4.2 图示 1

5.4.2 图示 2

5.4.2
三维动画

5.4.3 作业脚手架分段拆除时,应先对未拆除部分采取加固处理措施后再进行架体拆除。

5.4.4 架体拆除作业应统一组织,并应设专人指挥,不得交叉作业。

5.4.5 严禁高空抛掷拆除后的脚手架材料与构配件。

图解《施工脚手架通用规范》 GB 55023—2022

5.4.3
三维动画

作业脚手架分段拆除时，应先对未拆除部分采取加固处理措施后再进行架体拆除

5.4.3 图示

5.4.4
三维动画

架体拆除作业应统一组织，并应设专人指挥，不得交叉作业

5.4.4 图示

5.4.5
三维动画

严禁高空抛掷拆除后的脚手架材料与构配件

5.4.5 图示

第6章 检查与验收

6.0.1 对搭设脚手架的材料、构配件质量，应按进场批次分品种、规格进行检验，检验合格后方可使用。

6.0.2 脚手架材料、构配件质量现场检验应采用随机抽样的方法进行外观质量、实测实量检验。

6.0.1~6.0.2 图示

6.0.1 ~ 6.0.2 三维动画

6.0.3 附着式升降脚手架支座及防倾、防坠、荷载控制装置、悬挑脚手架悬挑结构件等涉及架体使用安全的构配件应全数检验。

6.0.4 脚手架搭设过程中，应在下列阶段进行检查，检查合格后方可使用；不合格应进行整改，整改合格后方可使用：

　　1　基础完工后及脚手架搭设前；
　　2　首层水平杆搭设后；
　　3　作业脚手架每搭设一个楼层高度；
　　4　附着式升降脚手架支座、悬挑脚手架悬挑结构搭设固定后；
　　5　附着式升降脚手架在每次提升前、提升就位后，以及每次下降前、下降就位后；

6.0.3 三维动画

6.0.3 图示

6 外挂防护架在首次安装完毕、每次提升前、提升就位后；
7 搭设支撑脚手架，高度每 2 步～4 步或不大于 6m。

6.0.4 图示 1

6.0.4 图示 2

第 6 章　检查与验收　57

6.0.4　图示 3

6.0.4　图示 4

6.0.4　图示 5

6.0.4
三维动画

搭设支撑脚手架,高度每2步~4步或不大于6m

6.0.4 图示6

6.0.5 脚手架搭设达到设计高度或安装就位后,应进行验收,验收不合格的,不得使用。脚手架的验收应包括下列内容:
  1 材料与构配件质量;
  2 搭设场地、支承结构件的固定;
  3 架体搭设质量;
  4 专项施工方案、产品合格证、使用说明及检测报告、检查记录、测试记录等技术资料。

6.0.5
三维动画

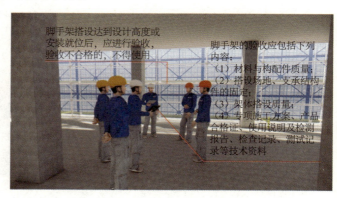

6.0.5 图示